南疆肉牛
标准化规模养殖
技术图册

蒋 涛◎主编

中国农业科学技术出版社

图书在版编目（CIP）数据

南疆肉牛标准化规模养殖技术图册 / 蒋涛主编 . -- 北京：中国农业科学技术出版社，2024.1

ISBN 978-7-5116-6602-4

Ⅰ . ①南… Ⅱ . ①蒋… Ⅲ . ①肉牛－饲养管理－标准化－新疆 Ⅳ . ① S823.9-65

中国国家版本馆 CIP 数据核字（2023）第 250073 号

责任编辑 张国锋
责任校对 贾若妍 李向荣
责任印制 姜义伟 王思文

出 版 者 中国农业科学技术出版社
北京市中关村南大街 12 号 邮编：100081
电 话 （010）82109705（编辑室）（010）82109702（发行部）
（010）82109709（读者服务部）
网 址 https://castp.caas.cn
经 销 者 各地新华书店
印 刷 者 北京地大彩印有限公司
开 本 170 mm × 240 mm 1/16
印 张 7.125
字 数 110 千字
版 次 2024 年 1 月第 1 版 2024 年 1 月第 1 次印刷
定 价 98.00 元

编委会

主　编　蒋　涛　塔里木大学

副主编　张秀萍　塔里木大学

　　　　王　栋　塔里木大学

　　　　于厚军　第三师畜牧兽医工作站

　　　　许贵善　塔里木大学

　　　　甘尚权　新疆农垦科学院

　　　　蒋　慧　塔里木大学

参　编　尹君亮　新疆农垦科学院

　　　　钟发钢　新疆农垦科学院畜牧兽医研究所

　　　　郭同军　新疆畜牧科学院饲料研究所

　　　　李宏健　新疆生产建设兵团畜牧兽医工作总站

　　　　司建军　新疆生产建设兵团畜牧兽医工作总站

　　　　韩猛立　新疆农垦科学院畜牧兽医研究所

　　　　王　刚　新疆农垦科学院

　　　　汪　保　四师可克达拉市创锦农业开发集团

　　　　韩文国　四师农业农村局

　　　　杨　盛　第十师北屯市农业农村局

　　　　张云峰　新疆农垦科学院畜牧兽医研究所

吐尔逊·阿不都热依木　　第三师图木舒克市四十四团永安镇
宫昌海　　巴州畜牧工作站
黄忠武　　库车市畜牧技术推广中心
董　斌　　且末县畜牧局
贾春英　　第三师畜牧兽医工作站
马宝蕴　　兵团第十四师昆玉市畜牧兽医站
蒋超祥　　巴州畜牧工作站
毋　婷　　兵团畜牧兽医工作总站
何开兵　　新疆生产建设兵团第八师畜牧兽医工作站
刘贤侠　　石河子大学
肖国亮　　喀什地区畜牧工作站
刘　黎　　和田地区畜牧技术推广站
钱建林　　和田市农业农村局
纪　军　　巴州畜牧工作站
陈　珉　　麦盖提县农业农村局
廖天林　　麦盖提县农业农村局
徐梦思　　新疆农垦科学院
毕兰舒　　巴州畜牧工作站
夏永强　　喀什地区畜牧工作站
牙生江·那斯尔　　克州畜禽繁育改良站
张　伟　　阿克苏西域牧业有限责任公司
蒲敬伟　　新疆兵团第十二师畜牧兽医工作站
鲍国洋　　新疆达因苏牧业有限责任公司

赵　飞　新疆达因苏牧业有限责任公司

张作柱　巴楚县畜牧兽医局

苟锡勋　阿克苏西域牧业有限责任公司

张振良　新疆农垦科学院

赵贵平　拜城县畜牧兽医局

王凤敬　华凌牛业叶城有限公司

加帕尔·哈斯木　尉犁县畜牧兽医站

骆梁涛　新疆刀郎庄园新农业集团股份有限公司

朱兵山　新疆刀郎阳光农牧科技股份有限公司

张金江　新疆阿图什市动物卫生监督所

李　博　华凌牛业叶城有限公司

善　刚　喀什地区畜牧兽医局

姚恩平　喀什地区畜牧兽医局

张万超　和田地区畜牧技术推广站

王金鹏　新疆生产建设兵团第一师阿拉尔市五团农业发展服务中心

米世宏　四师可克达拉市创锦农业开发集团

刘江莉　第四师畜牧兽医工作站

刘书国　库车市畜牧技术推广中心

葛阳春　库车市畜牧技术推广中心

张　磊　库车市畜牧技术推广中心

任宇斓　第三师畜牧兽医工作站

吴俊辉　第三师四十九团农业发展服务中心

肖汉冲　第三师四十六团农业发展服务中心

包铁柱　且末县畜牧兽医站

阿孜古丽·依布拉音　且末县畜牧兽医站

卢萍萍　且末县畜牧兽医站

海力且木·麦麦提明　且末县畜牧兽医站

崔文广　河南省鼎元种牛育种有限公司

常忠学　新疆刀郎庄园新农业集团股份有限公司

韩旭华　新疆刀郎阳光农牧科技股份有限公司

艾合买提·卡斯木　新和县畜牧技术推广中心

王　旭　巴州畜牧工作站

高崎峰　塔里木大学

刘浩南　塔里木大学

孙瑜良　塔里木大学

郁万瑞　塔里木大学

唐利敏　塔里木大学

李祥浩　塔里木大学

韩　飞　塔里木大学

前言

《南疆肉牛标准化规模养殖技术图册》通过深入浅出的文字和大量直观的图片，从肉牛各生理阶段的饲养管理方法、肉牛育肥方法、TMR配制、防疫等方面，详细阐述肉牛标准化养殖的主要内容和注意事项，这对于提高南疆肉牛标准化养殖水平具有重要指导意义和促进作用。同时，本图册所编入的养殖技术生产水平高，管理技术先进，科技含量高，通过本科技著作的宣传、推广和示范效应，可以使肉牛养殖场成为科技养牛、辐射带动周边地区肉牛养殖提质增效的技术示范窗口，带动南疆农民大量养殖肉牛，增加农民就业岗位和收入、带动农民致富，提高南疆肉牛养殖行业的经济效益，并在避免饲料浪费、提高饲料转化率、促进相关产业发展、降低环境污染、改善生态等方面起到重要作用。

本书出版发行由编印南疆肉牛标准化规模养殖技术图册（2023CD004-03-05）、华西牛乳肉兼用（军垦型）新品系培育（NYHXGG，2023AA205）、甘草茎叶在44团肉牛生产中高效利用及示范（TDZXZX202303）、一流本科课程－牛生产学（22000034156）、一流专业－动物科学（22000030108）、教学团队－动物营养与饲料学课程教学团队（22000030405）、一流本科专业－动物科学（22000032708）经费支持。图片采集得到新疆刀郎阳光农牧科技股份有限公司大力帮助。

目录

第一章 南疆肉牛良种化

新疆维吾尔自治区地域广阔，占地 166 万 km^2。南、北疆以天山为界，南疆占地 108 万 km^2。基于南疆不同地区的地理条件，饲养的肉牛品种也较多。主要的品种为西门塔尔牛、安格斯牛、新疆褐牛以及比利时蓝白花牛。

西门塔尔后备牛

一、西门塔尔牛

西门塔尔牛原产于瑞士，是大型乳肉兼用品种。因其适应环境能力强，耐热、耐粗饲，被引入新疆进行饲养。成年公牛 800 ～ 1200 kg，成年母牛 600 ～ 750 kg。屠宰率 65% 左右。

西门塔尔犊牛

西门塔尔母牛

西门塔尔公牛

西门塔尔育成牛

二、安格斯牛

安格斯牛原产于英国，是小、中型肉牛品种。增重性能好，饲养过程中对环境适应力强，耐粗饲、耐寒抗病，早熟、胴体品质高，繁殖力强，难产率低。成年公牛 800～900 kg，成年母牛 500～600 kg。屠宰率 60%～65%。

安格斯犊牛

安格斯育成牛

安格斯公牛

安格斯母牛

安格斯公牛

安格斯母牛

安格斯母牛

体况稍差的安格斯母牛

三、新疆褐牛

新疆褐牛是草原型乳肉兼用品种，主要分布在新疆的伊犁、塔城等地区，是中小型肉牛品种。抗逆性强，抗旱、抗病、耐粗饲，具有很强的适应能力，适宜山地草原放牧，具有生产大理石纹牛肉的潜力。成年公牛平均体重为951 kg，成年母牛平均体重为431 kg。屠宰率53.1%。

褐牛犊牛

褐牛育成牛

褐牛公牛

褐牛公牛

褐牛母牛

四、比利时蓝白花牛

比利时蓝白花牛原产于比利时，是大型肉牛品种。产肉性能高，胴体瘦肉率高，符合国际肉牛市场的要求。早熟，适合生产小牛肉。由于体型大、生长快、瘦肉率高及肉质好，适应性广和性情温顺等特点，已被许多国家引入，作肉牛杂交“终端”父本。成年公牛平均体重 1300 kg，成年母牛平均体重 800 kg。屠宰率 68% ～ 70%。

比利时蓝白花母牛

比利时蓝白花公牛

比利时蓝白花犊牛

比利时蓝白花公牛

肉牛的外貌选择如下：

（1）选择皮薄骨细，全身肌肉丰满，皮下脂肪发达，被毛细而有光泽，疏松而匀称的牛。

安格斯母牛

比利时蓝白花公牛

（2）从前、后、侧、上看均为矩形。

体躯低垂，前后躯发育良好而中躯较短，颈短，宽厚，鬐甲平，宽厚，前胸饱满，肋骨直立，弯曲度大，间隙小。

背腰宽广、平坦，腹线平直。

尻部宽、长、平、直，腰角丰圆，臀端间距宽，四肢短，左右肢间距宽，丰满多肉，尾细长。

肉牛的选择

第二章　南疆肉牛养殖设施化

第一节　肉牛场的选址和建设布局

一、选址的基本原则

（1）应选在交通便利，电力供应可靠，具备电话、传真及信息网络，附近有丰富的饲料资源和清洁水源的地方。

（2）应距其他畜禽场 1000 m 以上，距村庄、主要交通要道 1000 m 以上，一般距道路 200 m 以上，1500 m 之内无环境污染区，地势高燥，背风向阳，空气流畅。

（3）应位于居民区及公共建筑群常年主导风向的下风向处。

生产区安格斯公牛舍

后备牛舍

二、肉牛场的基本布局

根据肉牛场的规模，一般场内布局应分四个区：生活管理区、生产区、生产辅助区、隔离区。各区域既要满足防疫要求，又要方便牛只、饲料的运输和职工的生活，生活区和生产区要分开。

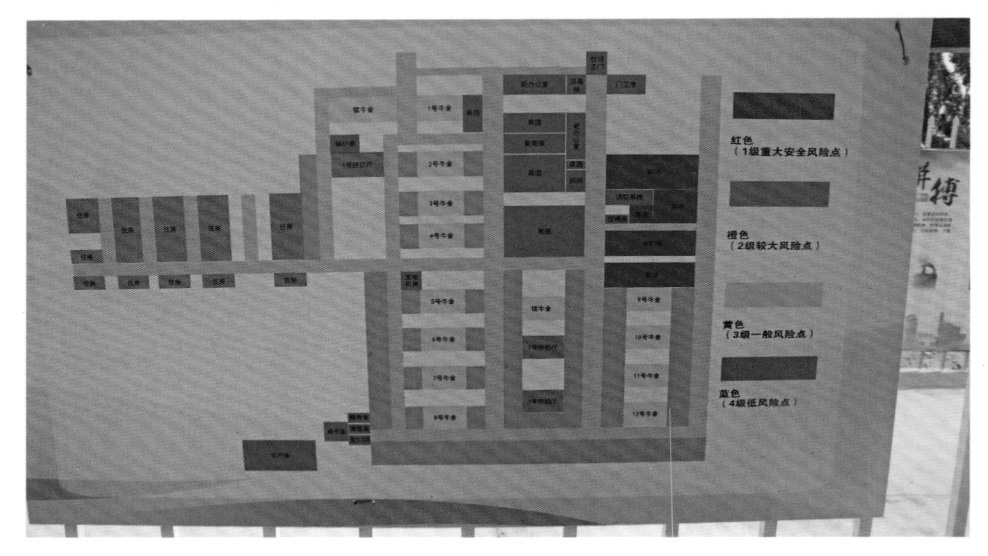

牧场布局图

生产区

生产辅助区

（一）生活管理区

包括会议室、财务室、档案室、培训室、职工居住场所、食堂、娱乐活动等。生活管理区要和生产区严格分开，应保证 50 m 以上。生活管理区应设在场区常年主导风向的上风向及地势较高的地方。

生活管理区办公楼

（二）生产区

生产区包括母牛舍、犊牛舍、产房、后备牛舍、公牛舍、配套运动场、配种室、兽医管理室等区域，是肉牛场的核心，应设在地势较低的位置。生产区与其他功能区域要用围墙或绿植隔离带严格分开，各牛舍之间要保持一定的距离，以便防火防疫。

公牛舍

母牛舍

（三）生产辅助区

包括饲草贮存加工、设备维修、饲料库房等，可设在生活和生产区之间。饲料由专车专线运进，在饲料贮存区分设专用道路通往生产区和场外，并设置人员、车辆的消毒设施。饲料贮存辅助区应建在靠近生产区上风向地势较高处，位置要方便车辆运输。

饲料库房

粗饲料放置区

精料放置区

精料库房

裹包青贮放置区

小麦秸秆

（四）隔离区

主要包括粪污处理装置（沉淀池、堆粪场或粪肥加工车间、沼气池等）以及病牛的隔离舍和兽医治疗室等。在降水量大的地区，堆粪场应建有遮雨顶棚或进行防渗处理。病畜隔离区域应设在场区外围下风处，远离生产区，应严格控制病牛与场内健康牛接触。隔离区设在生产区下风向地势较低处。

第二节　牛舍设计

根据肉牛不同生理阶段和生产的需要，将牛舍分为犊牛舍、育成牛舍、青年牛舍、育肥牛舍以及成母牛舍。

大多数肉牛场并没有犊牛舍，而是犊牛和成母牛在一个圈舍进行饲养。

母牛及犊牛舍

安格斯母牛犊牛舍

育肥公牛舍

育肥牛舍

育成牛舍与成母牛舍、育肥牛舍设计基本一致，也可能存在差异。南疆肉牛牛舍多为散栏饲养半开放式牛舍。

目前我国成母牛的饲养模式主要为传统的拴系式和散栏式饲养。在我国大、中城市规模化养殖场中多采用散栏式饲养，小规模养殖场中有些采用拴系式饲养，农牧区多采用舍饲兼放牧方式。

（一）拴系式牛舍

拴系式是一种传统的肉牛管理方式，这种管理方式便于肉牛单独管理，每头牛单独拴系使其具有自己的牛床和食槽，饲养员可全天对肉牛进行看护。牛舍内牛床的排列方式可分为单列式、双列式，小于 20 头可采用单列式，大于 20 头可采用双列式。

拴系式牛舍

拴系着的公牛

拴系着的育成牛

（二）散栏式牛舍

散栏式是将牛群用围栏围于宽敞牛舍区域内，使牛在不拴系、无固定卧栏的牛舍（棚）中自由采食、自由饮水和自由运动。散栏饲养便于实行机械化、自动化，提高劳动生产率；便于推行全混合日粮饲喂；有利于实施分群饲养管理；牛感到舒适，减少牛体受损伤的危险；较易保持牛体清洁。

散栏式牛舍

1. 牛舍通道

肉牛场牛舍通道主要为粪道，粪道地面要求结实、防滑，在现代规模化牧场则是刮粪板运行的通道，刮粪板设置定时刮粪，每半小时一次。有些牧场如大规模饲养西门塔尔母牛可能有奶厅，牛舍有挤奶通道。

2. 饲料通道

饲槽和饲料通道一般处于同一平面，为地面饲槽，可以用瓷砖或水泥做成，表面应光滑。饲料通道要求坚固，一般为水泥地面，饲料通道宽 3.5 ～ 4.5 m，以便全混合日粮（TMR）饲喂。

TMR 的投放

饲料通道

采食槽

测量采食槽宽度

3. 粪污处理

规模化肉牛场粪便的处理方式主要为铲车清粪，在机械化程度更高的牧场为刮粪板清粪。

推沙清粪的铲车

堆积的粪便

第三节 配套设备

一、保定架以及保定车

保定架在肉牛修蹄、治疗疾病时起保定作用。保定架在传统牧场使用较多，随着信息化的覆盖和生产技术的提高以及设备性能的提高，在现代规模化牧场则使用的是保定车，其中包括肉牛需要修剪的蹄肢进行保定并可以调节高度的修蹄机。

二、全混合日粮（TMR）搅拌车

全混合日粮车是为集约化肉牛场设计使用，可将粗饲料、精饲料和酒糟类等多汁饲料搅拌均匀，以有效地避免肉牛挑食，提高饲料利用效率和肉牛生产性能。

TMR 搅拌机

铲车上料

撒料车

粉碎机

牵引式 TMR 搅拌机

TMR 搅拌机添加水分

牵引式 TMR 搅拌机

固定式 TMR 搅拌机

三、青贮窖

青贮窖分为地上式、半地下式和地下式 3 种，目前国内的青贮窖多采用地上式。在国外还有青贮塔和袋装青贮。

半地上式青贮窖

地下式青贮窖

密封上的青贮窖

四、排水及排污设施

大规模机械化程度高的肉牛养殖牧场存在与奶牛牧场相似的粪污排放管道，但是大多数肉牛牧场并未设置排污设施。

五、室外道路

场内道路分净道和污道，两者应严格分开，室外道路多为水泥地面，路面平坦开阔。

净道

污道

第四节　饮水与消毒设施

一、饮水设施

（一）水槽

分为有槽水槽和无槽水槽。水槽应坚固，槽面光滑，不渗水。每个圈舍的水槽间距为 24 m，方便牛喝水，每个有槽水槽设 4 个水槽。

水槽

水质较差

（二）自动饮水器

当牛要喝水时，牛嘴自动触动盆内圆形触片，使弹簧下压橡胶球向下移动与内套脱离，水自动由盆底向上流。这样做到牛低头有水，抬头无水的状态。

自动饮水槽（1）

自动饮水槽（2）

二、消毒设施

牧场的消毒设施主要集中于生产区。在牧场的出入口有车辆消毒池以及员工消毒通道。车辆消毒通道可以避免牧场外的病毒通过运输车辆进入牧场，造成牧场牛只感染；员工消毒通道的存在可保障员工身体健康，免受病毒侵害。

除此之外，牧场还要进行牛舍消毒与器械消毒，详情请看第五章。

车辆消毒通道

员工消毒通道喷雾消毒

第三章　南疆肉牛饲养管理技术规范

第一节　哺乳犊牛饲养管理

一、产前及分娩管理要点

1. 接产准备

（1）产房的准备。

产房清洁、干燥、阳光充足、通风良好、无贼风、宽敞，垫草每周更换一次。及时进行产房的消毒。

（2）药品及助产工具的准备。

药品：10% 碘酊、消毒液。

助产设备：润滑剂、助产链、长臂手套、照明设备、助产器械、剖腹产器械等。

产房及母牛带犊饲养圈舍

2. 产前巡圈

产房相关人员需在 24 h 对预产期的怀孕牛进行巡查，每 30 min 巡圈 1 次，发现羊胎膜外露或羊胎膜破裂的牛及时转入产圈；发现尾根翘起，乳房充盈的牛记录牛号，每半小时对这些记录的牛只进行重点观察，若发现羊胎膜外露或破裂，转入产房。

犊牛

单独的圈舍

夏季给母牛降温

单独圈舍可以作为产房

3. 分娩管理

即将分娩的母牛转入产房后，如果在 1 h（头胎牛 2 h）内没有分娩进展，需对牛只进行胎位检查，若发现胎位不正，需将胎位校正；如果胎位正常，或者已经将胎位校正，但是发现产道（宫口）开张不足，继续等待半小时，如果仍无任何进展，进行助产。如有必要，可进行剖腹产。

如果进行胎位检查的时候，发现胎儿已经死亡，如果宫口已开，立即拉出小牛；若宫口未开，等待 1 ～ 1.5 h，拉出小牛。

进行剖腹产的母牛

4. 助产消毒

用消毒液浸泡助产器具、消毒液清洗外阴后进行助产。在助产过程中，使用润滑剂对产道进行充分润滑。胎儿出生后，需对产道进行检查，对产道拉伤程度进行鉴定和记录，对产道拉伤严重的，进行药物治疗。

安格斯母牛和犊牛

安格斯犊牛

5. 新生犊牛的护理

（1）犊牛产后尽快清除口腔、鼻腔内的黏液、脐带消毒、擦干或吹干犊牛体表、对犊牛进行称重、记录在册。

（2）使用浓度 10% 碘酊、药浴杯对犊牛脐带进行浸泡消毒，确保脐带消毒完全，在转入犊牛岛前再进行一次消毒。

（3）按留养标准，对犊牛进行耳号编写及打耳牌。

安格斯犊牛

安格斯母牛带犊

（4）灌服初乳。一般犊牛在出生后状态良好，可让其采食母乳。若犊牛比较虚弱，则需要人工进行初乳灌服。在犊牛出生 1 h 内第一次灌服初乳 3 ～ 4 L；6 ～ 8 h 灌服第二次初乳 2 ～ 3 L；初乳中含有大量的免疫球蛋白，营养丰富，其中维生素 A 和维生素 C 高于常乳；含溶菌酶，可杀死多种细菌；酸度高，可使胃液和肠道形成不利于有害细菌生存的酸性环境；含有较多的无机盐。

红毛安格斯犊牛

红毛安格斯母牛和犊牛

二、母牛带犊饲养模式管理要点

母牛带犊饲养模式作为南疆肉牛犊牛主要饲养模式，能够良好地利用牧场资源，降低养殖成本，增加牧场收益。

犊牛产后至断奶前均由母牛进行哺乳常乳，第 5 ～ 7 日龄开始补饲犊牛料；第 13 ～ 15 日龄开始供给优质牧草，促进犊牛瘤胃发育。该饲养模式下犊牛 90 日龄断奶（日期不定，断奶时犊牛体重应为初生重的 2 倍），在 83 日龄时进入断奶过渡期，90 日龄正式断奶。

母牛带犊

母牛舔舐犊牛

哺乳阶段犊牛

哺乳犊牛与母牛圈舍

母牛带犊饲养模式下，犊牛与母牛在一单独圈舍或是在成母牛舍，需要及时更换垫草或垫料，做好圈舍消毒以及巡圈，避免犊牛受伤；每日给犊牛提供干净的温水。

三、母犊分开饲养模式管理要点

肉牛犊牛与母牛分开饲养模式与规模化奶牛养殖饲养模式相同，饲养要点也没有较大的差别。但是母犊分开饲养模式下，犊牛会在 60 日龄完成断奶（与饲养条件有关，断奶重为初生犊牛重量的 2 倍，连续 3 d 采食开食料 1 ～ 1.5 kg）。

1. 0 ～ 3 d 新生犊牛饲喂要点

0 ～ 3 日龄，只给犊牛饲喂常乳，一天饲喂 3 次，每次 2 L（在此期间可以对犊牛进行吃奶引导）。

犊牛岛

并排犊牛岛

犊牛岛底座

母犊分开饲养条件下的犊牛

2. 4 ～ 48 d 哺乳犊牛饲喂要点

该阶段犊牛每天需提供清洁、常温饮水，及时添加开食料，做到少喂勤添。15 日龄后饲喂青干草，锻炼犊牛瘤胃功能，促进瘤胃发育。

开食料

装有采食盆的犊牛岛

犊牛出生后 0 ～ 7 d，牛奶饲喂 6 ～ 8 kg；7 ～ 42 d，牛奶饲喂 8 ～ 12 kg，43 ～ 60 d，牛奶饲喂 4 ～ 5 kg，整个哺乳期饲喂量不少于 560 ～ 600 L。

正在休息的犊牛

犊牛岛消毒

犊牛出生后第 42 天开始断奶，过渡期 18 d，此时每天牛奶饲喂量与之前相比减少一半。到 60 日龄完成断奶。犊牛在犊牛岛生活期间，需定期给犊牛岛消毒，避免病毒感染造成犊牛生病甚至死亡。

四、母牛 7 d 带犊饲养模式要点

1. 饲养方式

犊牛 7 日龄开始，母牛与犊牛实施分开饲养，犊牛栏与母牛栏相毗邻，定时将犊牛放入母牛栏内哺乳，每日上、下午各一次，每次哺乳时间 1 ～ 1.5 h。给犊牛设置犊牛料补饲槽、饮水槽。

0 ～ 7 日龄犊牛

带犊饲喂圈舍

犊牛自由采食犊牛料和优质干草，自由饮水。犊牛料少喂勤添，保持饲料的新鲜度。冬季哺乳犊牛水温控制在 20 ～ 30℃，断奶犊牛 10 ～ 20℃。

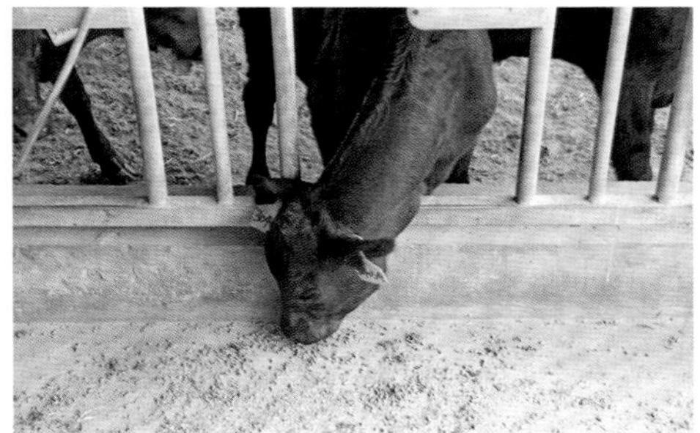

自由采食开食料

母牛每日饲喂两次，自由饮水。带犊母牛群体以不超过 20 头为宜，饲养密度为母牛：12 ～ 15 m^2/ 头，犊牛：2 ～ 4 m^2/ 头。

泌乳前期母牛日粮

2. 犊牛断奶

犊牛每天采食犊牛料≥ 1.0 kg，可实施断奶，断奶月龄 2 ～ 3 月龄为宜。犊牛哺乳期平均日增重不小于 0.7 kg。

快要断奶的犊牛

开食料

犊牛断奶要循序渐进，不可突然断奶。可以通过减少哺乳次数的方法逐渐断奶，将每日哺乳 2 次减少到 1 次，3 d 后断奶。

散栏圈舍

3. 日常管理

（1）环境控制。圈舍环境保持干燥，且通风良好。北方寒区保持上方通风，防止贼风直接吹到牛体。母牛和犊牛趴卧区均要铺设干燥的垫草或垫料，保证母牛乳房卫生良好，防止犊牛腹部着凉。条件允许可在犊牛活动区加设供暖设备。

（2）去角、去势。7～10日龄，犊牛去角，最佳方法是用去角枪去角，其次是用去角膏。如果根据育肥目标有去势的要求，可用橡皮筋法实施早期去势，降低应激。

未去势的公犊牛

（3）驱虫。在犊牛20日龄进行1次广谱驱虫。

（4）免疫。注重加强犊牛的免疫程序。如20日龄时肌内注射牛瘟苗；35～40日龄时口服或肌内注射犊牛副伤寒菌苗；60日龄时肌内注射牛瘟、肺疫、丹毒三联苗等。

（5）母牛体况。在此阶段，母牛体况评分5～6分为宜，低于5分，需要通过调整日粮营养水平等技术手段，改善母牛体况。同时，犊牛2～3月龄适时断奶亦有助于母牛产后复配，缩短母牛产犊间隔。

体况小于 5 分的牛

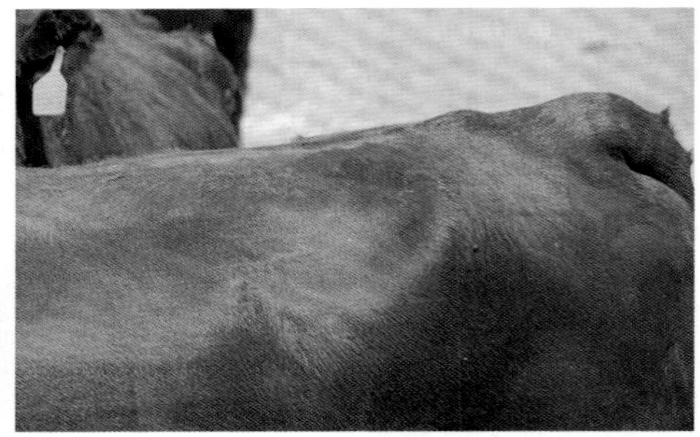

体况在 5 分左右的牛

4. 应用条件

技术适用于农区舍饲为主的肉牛繁育场或者母牛养殖户。

农区种养结合

5. 注意事项

母带犊饲养阶段，加强犊牛饲槽和水槽卫生管理，固定哺乳时间，母牛和犊牛的垫草垫料管理，保持圈舍良好的空气质量，降低犊牛腹泻和肺炎的发生概率。

弱犊要适当推迟断奶时间，单独饲养管理，防止形成僵牛。天气不好也要适当推迟断奶。

已经断奶的犊牛

避免断奶、换料、分群三个处理操作同时进行，防止应激效益叠加，影响犊牛健康。

第二节　断奶犊牛的饲养管理

一、断奶犊牛的营养需求

犊牛断奶时期要保证采食优质足量的粗饲料，促进犊牛瘤胃发育。在该阶段开食料也要继续饲喂，保证犊牛正常的生长发育。

断奶犊牛分群饲养

断奶犊牛

断奶褐牛犊牛

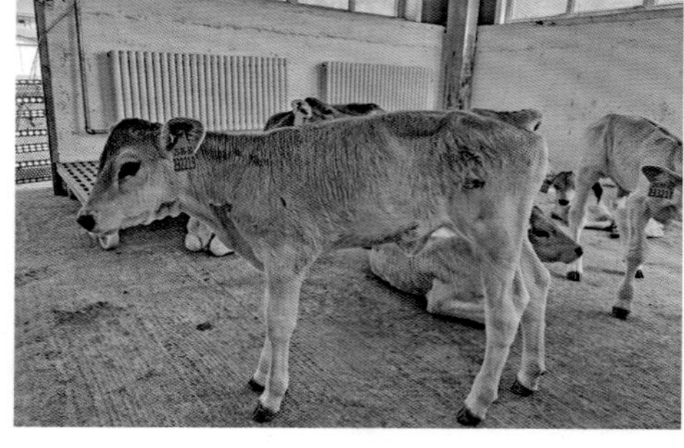

断奶公犊

二、61～180日龄断奶犊牛的管理要点

（1）犊牛分群前对预进圈舍进行清洁消毒，将年龄和体重相近的犊牛分为一群，密度与圈舍面积相适应，圈舍每3 d消毒一次。

（2）每周对采食道坎墙上进行清理，雨雪天气及时清除被水泡湿的饲料，重新添加。

断奶犊牛

小群断奶犊牛

断奶犊牛采食青干草和开食料

（3）满6月龄（180日龄）的牛转育成过渡，前5～10 d供给TMR 6 kg，颗粒料2 kg；后5～10 d供给TMR 8 kg，颗粒料1 kg。

第三节　育成母牛的饲养管理

7月龄至第一次配种受胎育成牛的饲养管理

1. 7～12月龄小育成牛的营养需求

日粮以粗饲料为主，每天补充饲喂混合精料；选用优质干草，培养耐粗饲性能，增进瘤胃机能。

小育成牛

小育成牛

大育成牛

2. 13月龄至第一次配种受胎大育成牛的营养需求

这段时期育成母牛的消化器官已基本发育成熟，如果采食足量优质粗饲料，可满足其生长发育的营养需要，但如果粗饲料质量较差，应适当补充精料，精料供给量以1.5kg/（头·d）为宜，视粗饲料的质量而定。

育成牛

小育成牛

育成牛采食日粮

3. 育成牛的管理要点

（1）分组分群饲养。将年龄相近、体格大小相似的牛饲养在一个牛舍，年龄最好相差不超过 2 个月，活重相差不超过 30 kg。

（2）每天保证育成牛至少 2 h 的驱赶运动时间。

安格斯育成牛舍

育成牛采食饲料

安格斯育成牛

安格斯育成牛

育成牛

育成牛舍

第四节　青年母牛的饲养管理

一、青年母牛的营养需求

青年母牛妊娠前期饲喂日粮与育成母牛相似，以粗饲料为主，视情况补充精料；妊娠后期根据生理阶段特点，给予高精料日粮，保证胎儿和母牛的正常发育外，并适应高精日粮，但是要避免母牛体况过肥。

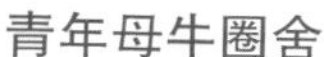

青年母牛圈舍

青年母牛

二、青年母牛的管理要点

（1）在母牛妊娠期间要加大运动量，保证母牛的体况不过肥，防止难产及其他肥胖继发疾病，同时也要防止因驱赶、母牛互相顶撞等造成机械性流产。

（2）防止母牛采食霉变饲料，防止饮用冰冻水（冬季）。

（3）妊娠期间要防止母牛长时间淋雨，在妊娠中期开始至产前 15 d 左右每天温水按摩乳房，以促进乳腺发育。

（4）计算好母牛预产期，预产期前 14 d 转入产房。

青年母牛

青年母牛饮水

第五节　成年母牛的饲养管理

一、围产前期肉母牛饲养管理

产前 21 d 至分娩为围产前期，是为母牛分娩做准备的时期。

1. 围产前期肉牛营养需求

围产前期在母牛体重日益增大的情况下，应做到母牛每 100 kg 体重饲喂 1.0 ～ 1.5 kg 精饲料，但最高饲喂量不得超过体重的 1.0% ～ 1.2%，每天分 3 次饲喂。青粗饲料每天饲喂 15 ～ 20 kg，自由采食。围产期母牛精饲料参考配方：玉米 41%、豆粕 34%、麦麸 20%、食盐 1%、微量元素 4%。

围产前期母牛

2. 围产前期肉牛管理要点

（1）预产期前 1 周抽测血酮、血糖含量。生理正常标准：BHBA< 0.6 mmol/L，血糖含量 45 ～ 65 mg/dL。若血糖含量低于 40 mg/dL，证明肉牛有酮病；若血糖含量高于 70 mg/dL，证明肉牛瘤胃酸中毒。

（2）注意精料饲喂量，避免体况过肥造成难产等疾病，同时也要保证胎儿正常发育。

围产前期母牛

二、围产后期（新产牛）肉母牛饲养管理

肉牛分娩至产后 21 d 为围产后期，围产后期的管理好坏与肉牛泌乳期内肉牛健康密切相关。

1. 围产后期（新产牛）肉牛营养需求

哺乳母牛的主要任务是多产奶，以供犊牛需要。母牛在哺乳期能量饲料的需要比妊娠干奶牛高出 50%，为保证母牛的产奶量，要特别注意泌乳早期（产后 70 d 之内）的补饲。每天最好补喂饼粕类蛋白质饲料 0.5 ～ 1 kg，同时注意矿物质及维生素的补充，头胎泌乳的母牛一定要饲喂品质优良的禾本科及豆科牧草，注意精料搭配多样化。

新产牛

2. 围产后期（新产牛）肉牛管理要点

（1）围产后期保证充足的采食时间，提高干物质采食量，可降低产后能量负平衡对肉牛生产性能和繁殖性能的影响。

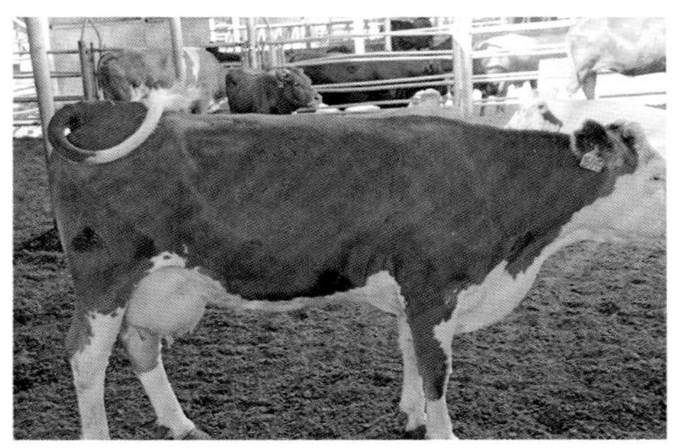

新产牛

（2）产后 60 d 内需特别关注难产、双胎、胎衣不下、产褥热以及产前体况评分超过 7 分的肉牛产后情况，及时进行药物治疗。

（3）新产牛时期牛舍饲养密度应小于 90%，每头牛间距保持 75 cm。肉牛产后 10 d 内，经健康检查，正常牛方可出产房，并做好交接手续；异常牛，需单独处理，由兽医进行治疗。

西门塔尔母犊

（4）母牛分娩后第 3 天开始灌服复合型葡萄糖前体物 300 ～ 400mL/（头 · d），连续灌服 3 ～ 5 d，快速补充能量，缓解肉牛能量负平衡状况。

安格斯母犊同一圈舍

安格斯犊牛

（5）在母牛产后 7 ～ 10 d 检测血糖和血酮含量，防止母牛的继发性酮病；在 18 ～ 22 d 再次监测这两项指标，防止出现原发性酮病。

三、泌乳前期肉牛饲养管理

产后 3 周至产后 100 d 是肉牛泌乳期内日产奶量最高的一段时间，被称为泌乳前期或泌乳盛期。

1. 泌乳前期肉牛营养需求

泌乳前期占整个产奶量的 30% 左右，是发挥泌乳潜能，获得整个泌乳期高产奶量的重要阶段。精饲料喂量为 6 ～ 10 kg/（头 · d），每天分

3次饲喂；青绿饲料自由采食。供应充足饮水。精饲料参考配方：玉米45%、豆粕30%、麦麸20%、食盐1%、微量元素4%。

泌乳前期牛舍

泌乳前期肉母牛

泌乳前期母牛

2. 泌乳前期肉牛管理要点

（1）泌乳前期肉牛处于能量负平衡状态，需要提高日粮能量含量。

体况很差的母牛

体况较好的母牛

（2）泌乳牛在产后 90 d 即可再次配种，此时要做好发情监控，及时配种（具体看机体恢复情况）。

泌乳前期母牛

泌乳前期母牛采食日粮

四、泌乳后期肉母牛饲养管理

1. 泌乳后期肉牛营养需求

因为肉母牛的主要作用是哺乳犊牛和繁殖，并不像奶牛主要用于泌乳，故而肉母牛在泌乳盛期之后随即进入泌乳后期。该时期母牛食欲旺盛，采食量达到高峰，为了保证母牛产奶量稳定，要喂给母牛一些高能量、高蛋白的饲料来保证它的营养需求。在夏季时，泌乳期母牛还要喂一些维生素 C 等来保证产奶性能的稳定。精饲料参考配方：玉米 39%、豆粕 30%、麦麸 26%、食盐 1%、微量元素 3%、维生素 C 1%。精饲料喂量为 5 ～ 8 kg/（头 · d），每天分 3 次饲喂；青绿饲料自由采食。

泌乳后期母牛

泌乳后期牛舍

红安格斯泌乳后期母牛

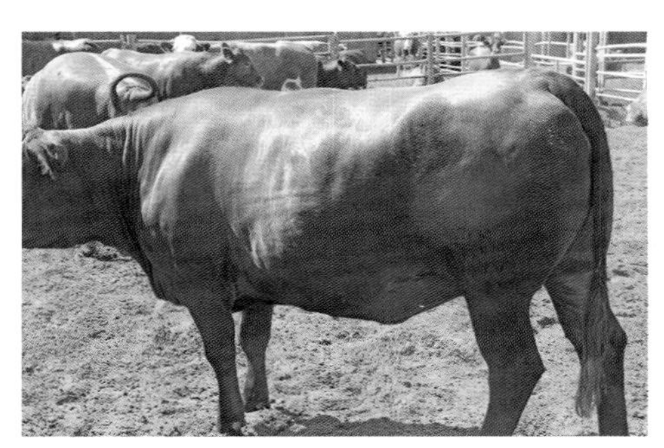

泌乳后期母牛舍

西门塔尔泌乳后期母牛

黑安格斯泌乳后期母牛

西门塔尔母牛

西门塔尔牛舍

褐牛牛舍

2. 泌乳后期肉牛管理要点

（1）合理运动，根据预产期确定干奶肉牛并进行干奶准备。

泌乳后期母牛

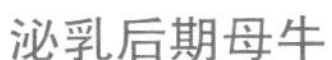

泌乳后期母牛

泌乳后期红毛安格斯母牛

泌乳后期母牛

泌乳后期牛舍

西门塔尔成母牛舍

（2）在预产期前 70 ～ 85 d，根据预产期记录，确定干奶肉牛，对干奶肉牛进行修蹄、乳房炎检查、妊娠检查，检查无误之后对肉牛进行体况评分，随后进行干奶。

五、干奶期母牛饲养管理

除了乳肉兼用型母牛如西门塔尔牛在产第二胎前 60 d 需要干奶之外，肉用型牛不需要进行此步操作。乳肉兼用型牛的干奶操作与奶牛一致。

泌乳后期临近干奶

泌乳后期牛舍

褐牛牛舍

第六节　育肥公牛的饲养管理

我国肉牛育肥方式呈现多样化，适合南疆各种生产模式。但是适用较广的为架子牛育肥。即犊牛断奶后采用中低水平饲养，使牛的骨架和消化器官得到较充分发育，至 14～20 月龄，体重达 250～450 kg 后进行肥育，用高营养水平饲养 6 ～ 8 个月，体重达 650 ～ 750 kg 时出售屠宰。

育肥公牛

一、育肥前准备

1. 驱虫

育肥前要进行驱虫（包括体内和体外寄生虫），并严格清扫和消毒房舍。

育肥公牛

成年公牛育肥

育肥公牛

2. 运动

要尽量减少其活动，以减少营养物质的消耗，提高肥育效果。

育肥公牛舍

3. 去势

2 岁以上的公牛，去势后肥育，可方便管理，提高胴体品质。

育肥公牛日粮

育肥公牛采食通道

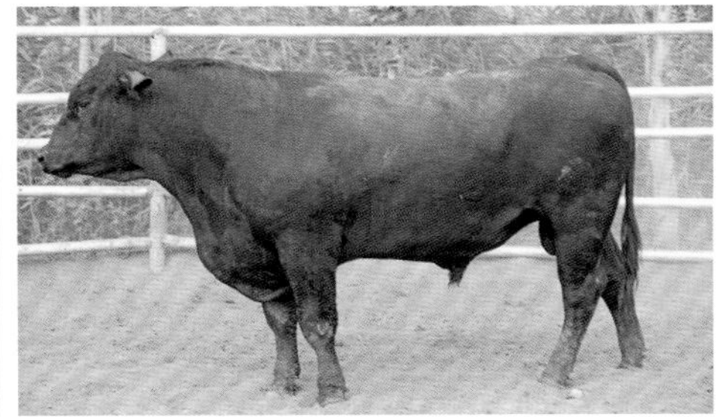

育肥公牛

4. 健康及检疫

育肥之前需对外来架子牛等进行检疫，避免损失。若无检疫程序，则不建议进行生产活动。

安格斯育肥公牛

二、其他育肥技术

1. 犊牛育肥

全部用常乳饲喂犊牛育肥，日喂奶量由少到多，最多不超过 30 kg，到 100 ～ 120 日龄，体重达到 150 kg 出栏。

育肥犊牛

褐牛公犊圈

安格斯育肥公牛

安格斯公犊

褐牛公犊

2. 犊牛持续育肥

犊牛断奶后进行舍饲拴系强度育肥到 18 ～ 20 月龄，体重达 500 kg 以上出栏。

育肥度差的公牛

采食通道

公牛

西门塔尔成年公牛

3. 成年牛育肥（淘汰牛育肥）

因各种原因而淘汰的乳用母牛、肉用母牛和役用牛等，将这类牛在屠宰前用较高的营养水平进行 2 ～ 4 个月的肥育，不但可增加体重，还可改善肉质，大大提高其经济价值。

成年公牛

褐牛成年牛舍

安格斯育肥公牛

成年安格斯公牛

红毛安格斯公牛

褐牛公牛

4. 架子牛肥育

指犊牛断奶后采用中低水平饲养，使牛的骨架和消化器官得到较充分发育，至 1.5 ～ 2.0 岁，体重达 250 ～ 350 kg 后进行肥育，用高营养水平饲养 4 ～ 6 个月，体重达 400 ～ 500 kg 屠宰。

（1）架子牛的饲养原则。

①架子牛的营养需要由维持和生长发育速度两方面决定。根据补偿生长的规律，在架子阶段的平均日增重，一般大型品种牛不低于 0.45 kg，小型品种不低于 0.35 kg。

②架子牛是消化器官发育的高峰阶段，所以饲料应以粗料为主，粗料过少，消化器官发育不良。

③架子牛体组织的发育是以骨骼发育为主的，日粮中的钙、磷含量及比例必须合适，以避免形成小架子牛，降低其经济价值。

④架子牛的饲养方式可以采取放牧饲养或舍饲饲养。

架子公牛育肥

架子牛

夏洛莱公牛

褐牛公牛

黑安格斯公牛

（2）架子牛的选择。

①选择合适的纯种肉牛与本地牛的杂交后代。这种牛体型大，生长快，饲料利用率高，具有杂种优势。

成年安格斯

②选择年龄在 1.5 ～ 2.5 岁、体重在 250 ～ 350 kg 的牛。此类牛有较高的生长势。

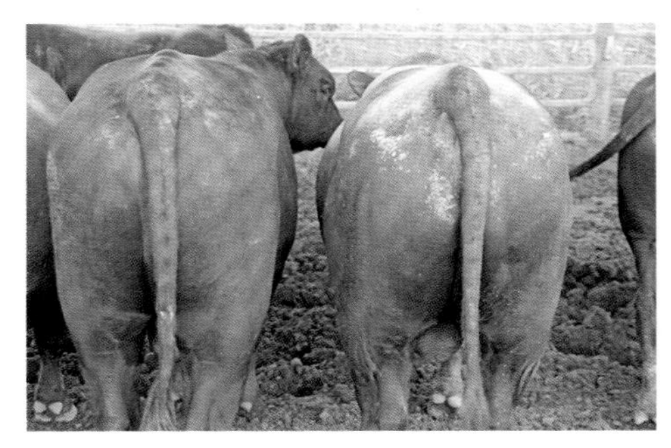

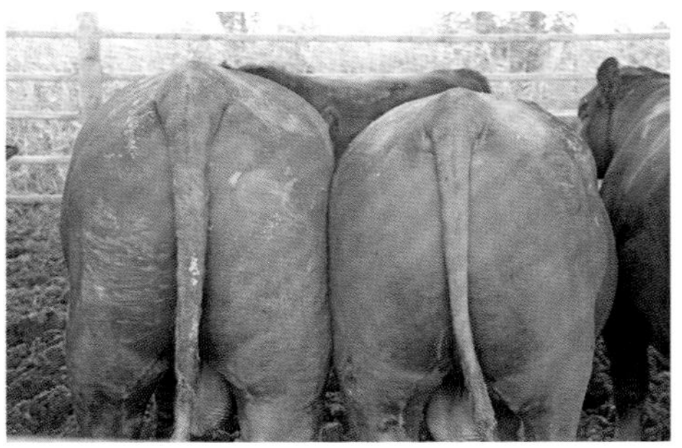

育肥度较好

③选择骨架较大，但膘情较差的牛。此类牛食欲好，长肉快，具有补偿生长能力。

④公牛最好，阉牛次之，不选母牛。

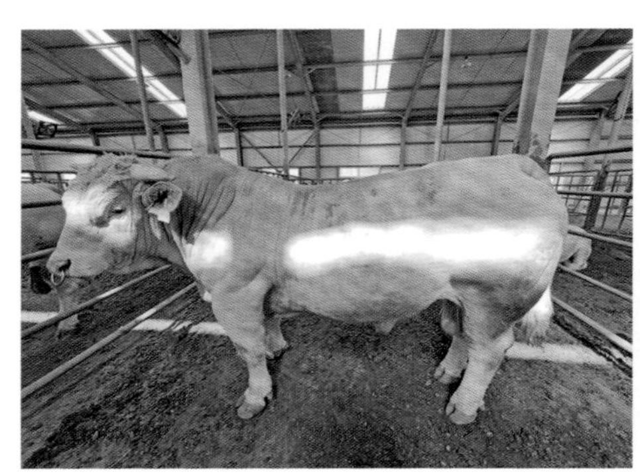

夏洛莱种公牛

⑤健康无病。

（3）架子牛的选购原则。

①运输距离。架子牛的生产基地距育肥场的距离一般小于 500 km，且交通比较便利。

②产区。架子牛的生产基地可以是草原地区，也可以是半农半牧区或农区。

③品种。生产体系必须是杂交为主。

育肥舍

④价格。架子牛的收购价格必须在经济上保证育肥有利可图。

⑤疾病控制。架子牛生产基地必须是传染病的非疫区。

（4）分阶段饲养

①过渡驱虫期（前 15 d）。驱除体内外寄生虫，完成使牛适应从以粗饲料为主的日粮到以精饲料为主的日粮的过渡。

安格斯种公牛

②肥育前期（第 16 ～ 80 d）。日粮粗蛋白质水平 11% ～ 12%，精粗比为 60∶40。

③肥育后期（第 81 ～ 120 d）。日粮粗蛋白质水平 9% ～ 10%，精粗比为 70∶30。

（5）肥育牛的管理。

①按牛的品种、体重和膘情分群饲养，便于管理。

②日喂两次，早晚各一次。精料限量，粗料自由采食。饲喂后半小时饮水一次。

环境较差

褐牛种公牛

西门塔尔种公牛

③适当限制牛的运动。

限制活动空间

④搞好环境卫生，避免蚊虫对牛的干扰和传染病的发生。

⑤气温低于 0℃时，应采取保温措施，高于 27℃时，采取防暑措施。

夏季温度高时，饲喂时间应避开高温时段。

西门塔尔牛

⑥每天观察牛是否正常，发现异常及时处理，尤为注意牛只的消化系统疾病。

⑦定期称重，及时根据牛的生长及其他情况调整日粮，对不长的牛或增重太慢的牛及时淘汰。

⑧膘情达一定水平，增重速度减慢时应及早出栏。

限制活动范围的西门塔尔公牛

（6）如何确定肉牛最佳的育肥结束期。

①采食量判断。肉牛对饲料的采食量与其体重相关。每日的绝对采食量一般是随着育肥期时间的增加而降低。如果下降达到正常量的 1/3 或超

过时，可以结束育肥。如果按活重计算采食量（干物质）低于活重 1.5% 时，可认为达到育肥的最佳结束期。

西门塔尔育肥牛

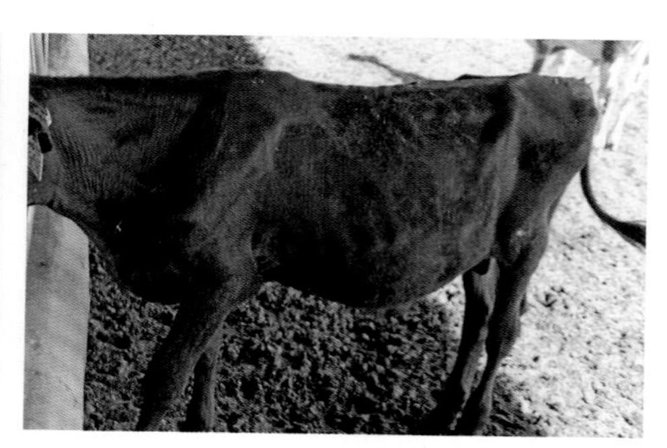

安格斯育肥牛

②用肥度指数判断。计算方法为，肥度指数 = 体重 / 体高 ×100，一般指数越大，肥度较好。当指数超过 500 或达到 526 时即可考虑结束育肥。

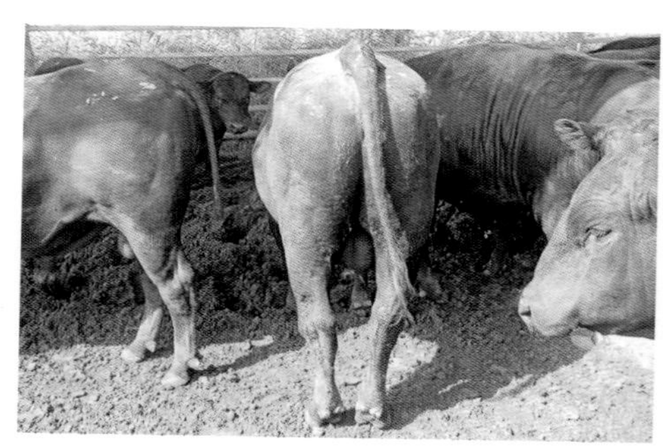

育肥度适中的公牛

③从牛体型外貌判断。主要判断牛的几个主要部位的脂肪沉积程度。判断的部位有皮下、颌下、胸垂部、肋腹部、腰部、坐骨端等部位。当皮下、胸垂部的脂肪量较多，肋腹部、坐骨端、腰部沉积的脂肪较厚时，即已达到育肥最佳结束期。

脂肪沉积较多的牛

④市场判断。如果牛的育肥已有一段较长的时间，或接近预定的育肥结束期，而又赶上节假日牛肉旺销、价格较高，可果断地结束育肥，可获取较好的经济效益

（7）影响肉牛育肥效果的因素。

①品种。不同品种的肉牛在整个育肥期间对营养的需要量以及增重速度不同，因此在养殖肉牛前品种的选择非常重要。

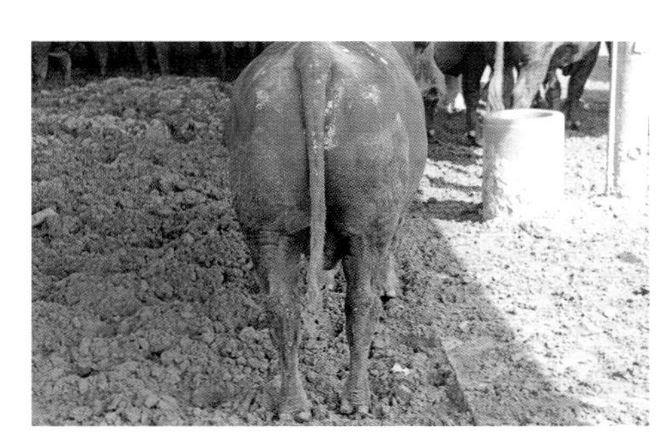

安格斯牛

褐牛

西门塔尔牛

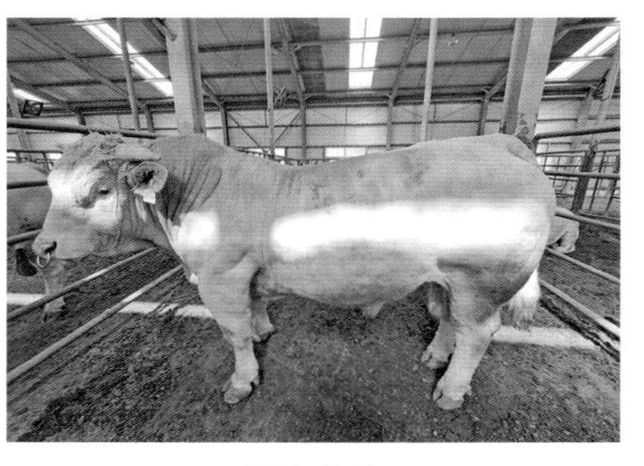

夏洛莱牛

②性别。牛的性别也影响着育肥效果，公牛的生长速度和饲料利用率高于阉牛和母牛。

安格斯公牛舍

③年龄。处于生长发育快速时期的肉牛平均日增重较多，犊牛在生长期，早期增长以肌肉和骨骼为主，后期以脂肪为主，因此不同年龄的育肥效果也不同。

④日粮。它是影响育肥效果的重要因素，如果营养供应不足会导致生长发育受阻，增重速度缓慢，长期下去会导致生产力下降。

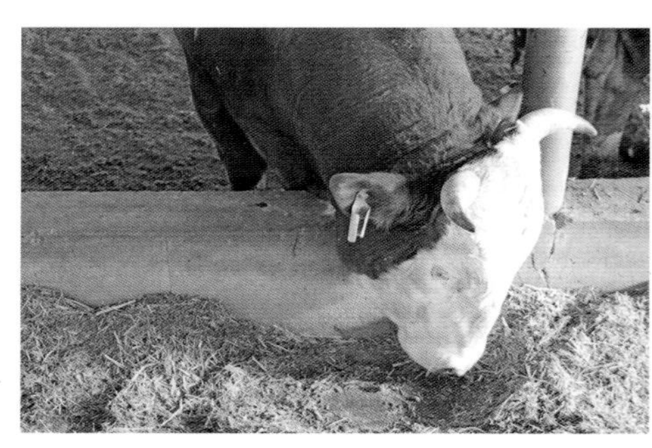

采食 TMR

⑤环境。环境也影响着育肥效果，其中以温度的影响最大，此外，牛舍的温度、空气质量、环境卫生等都会影响，因此要做好育肥环境的控制工作，保持肉牛的舒适度。

环境卫生尚可的场区

饲料区卫生较好

（8）公牛育肥度评分。

该评分系统主要适用于肉公牛，用以评估公牛的肌肉含量，有助于预测其经济价值。该评分主要从牛体侧面和后面进行观察评估，通过观察对比肌肉的厚度可以划分为从 A（肌肉非常发达）到 E（肌肉非常不发达）5 个评分标准。

肉牛育肥度观察评估

①肌肉非常发达（Very heavy muscling，A 级）。

特征：后膝关节很厚；肌肉间的缝隙或凹陷明显；“苹果肌”——从侧面看后腿及臀部凸出部位像“苹果”；蝴蝶背线——两侧背最长肌通

常高于脊椎。

A 级育肥度

②肌肉发达（Heavy muscling，B 级）。

特征：后膝关节较厚；从后面看，大腿呈圆弧状；从侧面看后腿及臀部有凸起；背部平坦且宽阔——肌肉与脊椎的高度相同。

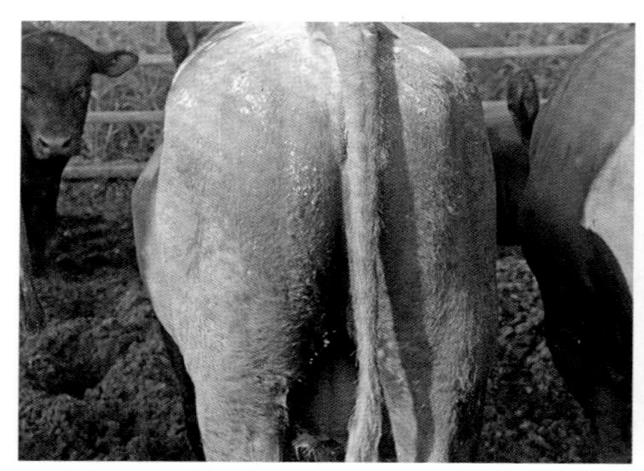

B 级育肥度

③肌肉中度发达（Medium muscling，C 级）。

特征：从后面看，大腿肌肉平面向下，没有弧度；背部基本平坦，但背中线脊椎略有突出。

C 级育肥度

④肌肉不发达（Moderate muscling，D 级）。

特征：站姿腿间距离较小；大腿平直向下；后膝关节较瘦；背中线脊椎突出明显。

D 级育肥度

⑤肌肉非常不发达（Light muscling，E 级）。

特征：很瘦，背中线脊椎突出非常明显；后膝关节基本没有厚度；站立时后腿并拢，大腿肌肉凹陷。

第七节　牧场常见的饲料原料及日粮配制

牧场常见的饲料原料分为粗饲料和精饲料，粗饲料主要有苜蓿干草、稻草秸秆、小麦秸秆、燕麦草和青贮等。

稻草秸秆

全株玉米（尚未成熟）

粉碎度较差的青贮

青贮取料机取青贮

密封好的青贮窖

芦苇秸秆

稻草秸秆

稻草秸秆

小麦秸秆

精饲料主要有玉米、豆粕、配合颗粒饲料等。

精料库房

精料补充料

压片玉米

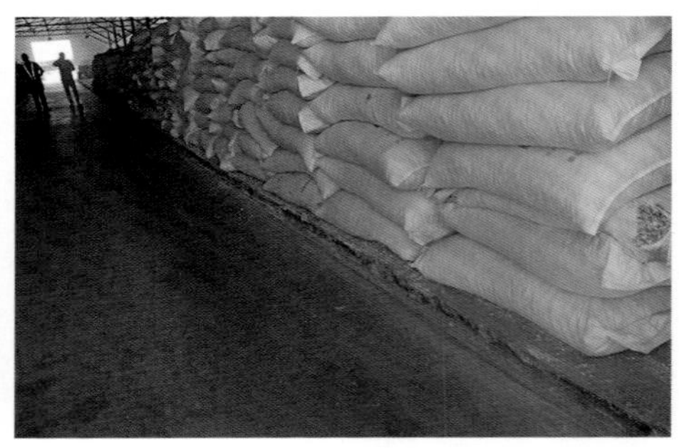

码垛整齐的压片玉米

小牛精料补充料

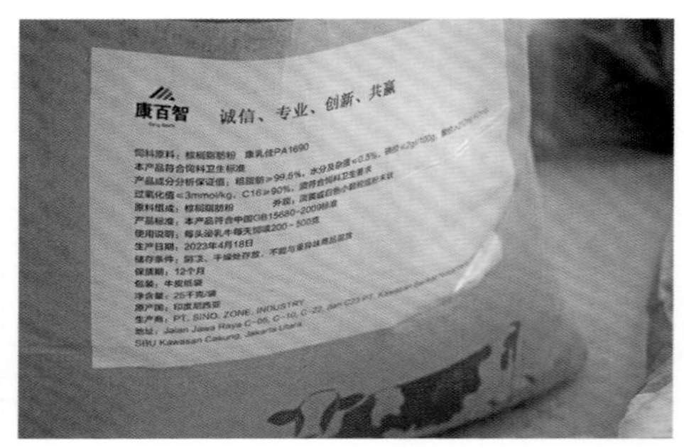

脂肪粉

精料库房

配合饲料

日粮即根据日粮配方进行配制的能够满足肉牛一昼夜的营养需要的饲粮，通常被称为全混合日粮（TMR）。配制 TMR 时需用到多种饲料原料，饲料原料的添加规则为：先粗后精、先干后湿、先长后短、先轻后重。

TMR 搅拌机

青贮饲料

甜菜颗粒粕

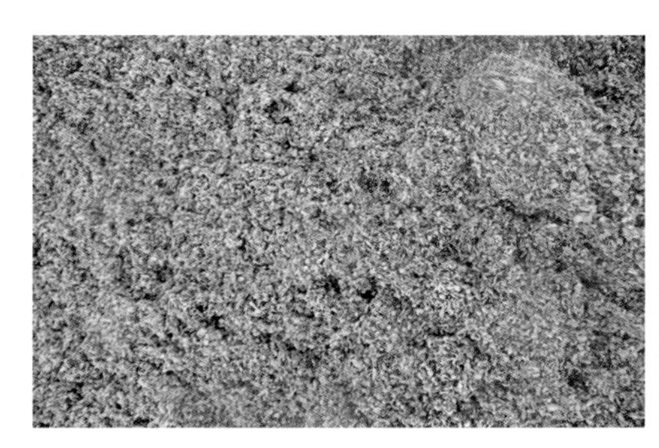

全棉籽

肉牛饲喂 TMR 的意义

（1）保证营养均衡采食。全混合日粮的原料组成及比例完全人为控制，保证肉牛的日粮是科学、合理的，有利于消化吸收，大大减少消化道疾病。

（2）提高肉牛生产性能。全混合日粮中的营养成分可以根据不同品种、不同生长阶段、不同体重等因素进行科学配比和供给，能够极大地发挥牛的生长潜力和提高生产性能。

压片玉米

粗饲料区域

小麦秸秆放置区

苜蓿干草

添加青贮

铲车上精料

（3）提高饲料利用率。因全混合日粮营养成分更加丰富全面、配比更合适，在选用和组合日粮时，充分考虑了每种原料和混合饲料的采食量，尽可能地提高饲料的转化率。

铲车上青贮饲料

铲车上干草

全棉籽

麦秸秆

加糖蜜

加水

（4）能充分利用当地饲料资源。全混合日粮可以通过多种原料配合以提高饲料适口性，增加了饲料原料的种类，能充分利用当地饲料资源，尽可能降低饲料成本，提高养殖效益。

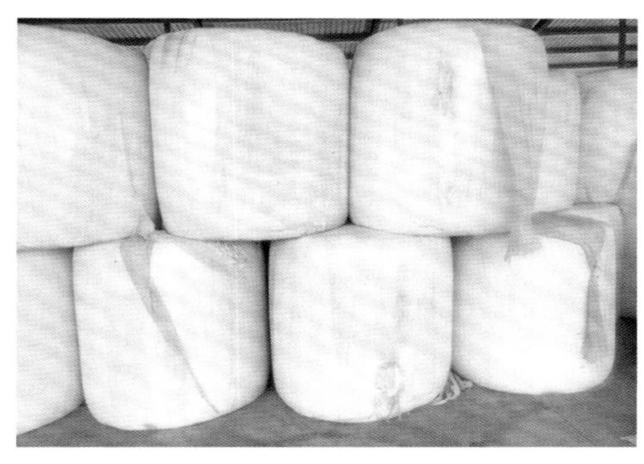

裹包青贮

碳酸氢钠

（5）能够降低饲喂管理成本。全混合日粮饲养技术操作简单，能够节约劳动力，提高工人的工作效率，大大节约了饲喂人工成本。

在日常判断 TMR 精粗比例是否合适时可以利用宾州筛进行筛分，进而计算出每层的比例，判断精粗比是否合适。

宾州筛

宾州筛分为四层，第一层 19 mm 筛层：可浮在瘤胃上层的粒径较大的粗饲料和饲料颗粒，需要肉牛反刍才能消化，校正瘤胃 pH 值。第二层 8 mm 筛层：粗饲料颗粒，不需要肉牛过多地反刍，可以在瘤胃中更快速地降解、更快地被微生物分解利用。第三层 4 mm 筛层：小颗粒饲料，通

常（并非绝对）纤维含量较低，可以经由最小程度的反刍或微生物活动得到分解。第四层为盲筛，没有筛孔。

四分 TMR

五点取样随机选取

双手捧取

称重

使用宾州筛时进行取样，采用五点取样法取 800 ～ 1000 g TMR，放置于容器中，取样时需双手捧取，不能抖动。完成取样之后把 TMR 四分，取对角两堆，重量在 400 ～ 500 g。之后把 TMR 倒入宾州筛中。

准备筛样

筛分结束称取每层重量

四层占比

第四章　肉牛繁殖

第一节　肉牛的发情鉴定

在发情期间，母牛由于受到体内生殖激素，特别是雌激素的作用，90% ～ 95% 的健康母牛具有正常的发情周期和明显的发情表现。母牛的发情通常可采用行为观察、生殖道变化、直肠触摸卵巢以及设备辅助检查等途径进行鉴定。

一、外部观察

肉牛常表现为兴奋不安，哞叫，对外界的变换十分敏感，频繁走动，食欲减退，泌乳量减少，出现爬跨行为。

爬跨

公牛爬跨

准备爬跨的牛

二、生殖道变化

外阴、阴蒂和阴道上皮充血肿胀，有强光泽和润滑感，黏膜潮红；黏液分泌增多并流出阴门。

褐牛母牛舍

西门塔尔母牛舍

三、直肠检查

用手通过直肠来触摸卵巢上的卵泡发育情况，以此来查明母牛的发情阶段，确定输精时间，是目前生产中最常用、效果较为可靠的一种方法。

西门塔尔母牛

安格斯母牛

四、设备辅助检查

（一）计步器步数变异测定

计步器可以得到肉牛的运动步数，母牛发情时会大大提高其运动量，通过对母牛的步数监测，可确定其是否发情。

（二）B 超检查法

使用 B 超观察子宫及卵巢上的卵泡和黄体发育情况。

（三）尾根涂蜡（试情）法

在母牛的尾根涂上蜡，长约 20 cm，在第二日可以观察蜡有没有被蹭掉，以此来判断母牛是否发情。

第二节　人工授精

人工授精是指先以人工方法利用器械采集公牛精液，精液在体外经过检查和处理后（如稀释和冷冻等），再利用器械把精液输送到发情母牛生殖道适当部位，从而使其受孕，代替公、母牛自然交配的配种方法。

一、适期配种

一般母牛发情持续期短，输精应尽早进行。发现母牛发情后 8 ～ 10 h 可进行第一次输精，隔 8 ～ 12 h 进行第二次输精。生产中如果牛早上发情，当日下午或傍晚第一次输精，翌日早上第二次输精；下午或晚上发情，翌日早上进行输精，翌日下午或傍晚再输一次。

二、输精前准备

（一）母牛的准备

经发情鉴定后，确定到了输精时间，将其保定，外阴清洗消毒，尾巴拉向一侧。

（二）器械的准备

输精所用的器械均应彻底洗净后严格消毒，再用稀释液冲洗后才能使用，输精枪套上塑料套管备用。

（三）精液的准备

从液氮罐中取出冻精，时间不超过 10 s，取出后要立即将剩余的冻精提桶沉入液氮中，后进行解冻及活率检查。

（四）人员的准备

输精人员应穿好工作服，指甲剪短磨光，手臂挽起并用 75% 酒精消毒，伸入直肠的手要涂润滑液，防止直肠损伤。

三、输精方法

直肠把握输精法

一只手伸入直肠内把握住子宫颈，另一只手持输精枪，先斜向上 45° 伸入子宫颈的 3 ～ 5 个皱褶处或子宫体内，慢慢注入精液。

直肠把握输精

第三节　妊娠诊断

通常妊娠检测的方法有直肠检查法和 B 超检查法。

（一）直肠检查法

直肠检查在母牛输精 45 ～ 60 d 后进行，是常用的妊娠检查方法，但动作不可粗暴，以免人为地损伤胚胎或妊娠黄体，从而引起流产或直肠黏膜的损伤。

（二）B 超检查法

母牛输精后 28 ～ 32 d 后可进行 B 超检查。

早孕诊断，超声可见扩张子宫角内有规则强回声结构的胎儿，超声测臀长（CRL）1.7 cm，显示 5 周 3 d，即 38 d。

胎龄测量，超声测胎儿干径（BTD）3.60 cm，显示胎 2 周 5 d，即 89 d。

第五章　防疫制度化

牧场防疫是牧场保持良好收益的重要部分。若牧场有完善的防疫制度，完备的消毒设施，则可以保证牧场的传染性疾病发生率低以及牧场员工和牛健康。

第一节　进出人员及车辆的消毒

一、进出人员

进出人员需通过消毒通道消毒后方能进入厂区，进入生产区必须更换防护服或经过消毒的工作服，否则禁止进入生产区。采用过氧乙酸或其他消毒剂进行喷雾消毒，要充分浸润鞋底，保证鞋底消毒彻底。

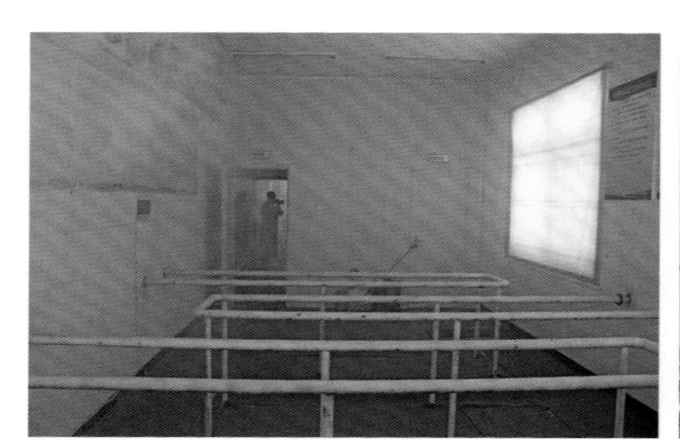

员工消毒通道

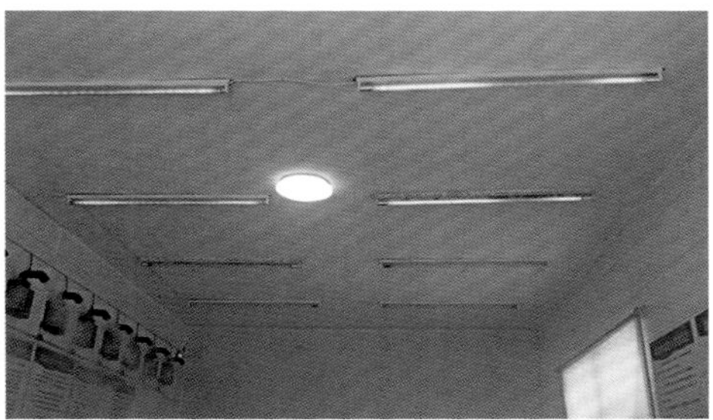

员工消毒通道

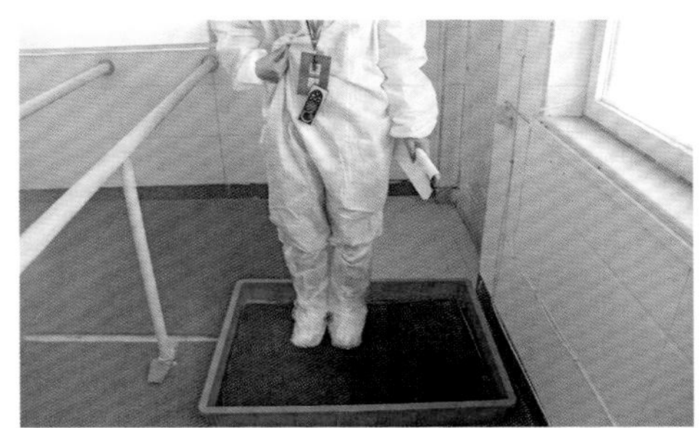
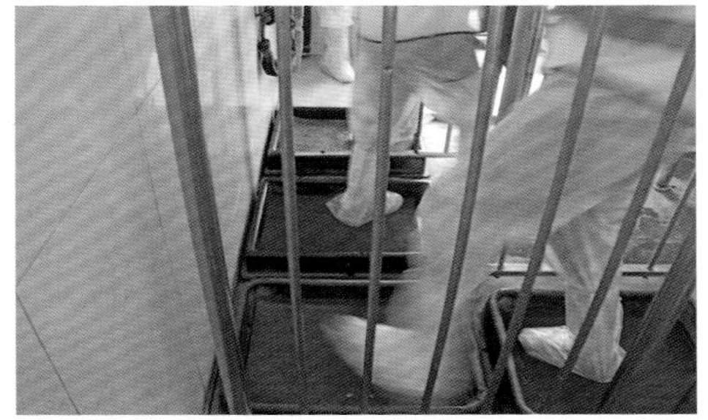

已更换防护服的工作人员

二、进出车辆消毒

（1）运送饲料、鲜奶的车，应用 2% ～ 5% 的 NaOH 溶液对轮胎进行消毒。

（2）运送粪污的车辆，应用 2% ～ 5% 的 NaOH 溶液对轮胎进行消毒，用 0.2% ～ 0.5% 的 HClO 溶液对车身进行消毒。

（3）运输牛只的车辆应通过污道往返，对车辆使用 84 消毒液进行消毒。

车辆消毒通道

第二节　生产区防疫管理措施

一、饲养区的管理

1. 饮水池的消毒

每头肉牛每天要饮用约 50 L 的水，在保证充足饮水的同时，还要保持饮水池的卫生，至少每 2 d 清洗一次饮水池，保证饮水池内无污物沉淀即可。

卫生条件较差的水槽

水槽周围卫生较差

水质较差

水槽清洁度差

水槽底部较脏

2. 运动场地消毒

保证肉牛充足的运动，可以有效地预防蹄病的发生，应保持运动场松软、舒适，无积水、积粪、坚硬的物体。最好做到每周疏松平整一次运动场，至少做到每月疏松平整运动场一次，此外还应用生石灰对运动场进行消毒。

运动场

运动场粪便较少

3. 虫鼠害的防控

（1）将粪污进行干湿分离，可以有效地防止蚊蝇滋生。

粪污的干湿分离

（2）在饲料存放区，设置捕鼠夹、粘鼠板等，防止因老鼠啃食饲料造成疫情传播。

设有防鼠板的草料

（3）将饲料存放于干燥阴凉通风处，防止因发霉或虫害引起的疫情传播。

室内通风处的饲料

4. 对生产器具的管理

投喂饲料的器具与清理粪污的器具应分开摆放，绝对不能交叉使用，必须做到每天每次使用后，清扫消毒脏的工具和车辆。

二、病牛隔离区的管理

病牛应与正常的牛分开管理，最好将病牛舍与正常的泌乳牛舍、犊牛舍隔离，防止发生疾病传染，另外应每周按时对病牛舍进行消毒，采用

3% ～ 5% 苛性钠进行喷洒消毒。注意：应严格控制医疗废物，防止医疗废物处理不当，对牛群造成二次感染。

三、犊牛岛的管理

犊牛岛应在饲养犊牛后进行全面地清洗消毒，再进行下一轮次的犊牛饲养，在犊牛饲养过程中，每周至少进行 2 ～ 3 次带牛消毒。消毒方式可采用次氯酸消毒。

次氯酸消毒犊牛岛

装水

圈舍消毒

四、环境管理

每天至少两次清理圈舍内的粪污，保证圈舍内干燥清洁。

牛体清洁无粪便斑块

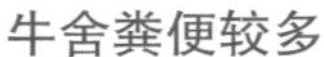

牛舍粪便较多

水槽旁边卫生较差

第三节　牛群防疫管理

一、检查检疫证明材料

当牛只来源于国内时，肉牛应来源于具备地方政府兽医主管部门颁发的“动物防疫条件合格证”的牧场，并具有两病的“动物检疫合格证明”。

当牛只来源于国外时，肉牛要具有“检疫调离通知单”

二、检查牛只健康情况

1. 看采食

健康的肉牛有旺盛的食欲，吃草料的速度也较快，吃饱后开始反刍。

食欲较好

2. 检查粪尿情况

健康牛的粪便落地呈烧饼状，圆形，边缘高、中心凹，并散发出新鲜的牛粪味，尿呈淡黄色、透明。

3. 用温度计放入直肠测体温

正常体温为 37.5 ～ 39.5 ℃，如果体温超过或低于正常范围就是不健康。

4. 观察牛的整体神态

健康的肉牛动作敏捷，眼睛灵活，尾巴不时摇摆，皮毛光亮。

毛发有光泽

三、牛只隔离

当引进牛只在进入饲养地之后，首先需要对其进行 15 ～ 30 d 的隔离观察，通过单独圈舍饲喂，同时由专业的工作人员对牛只的行为状态习惯进行重点观察，对其饮食、运动以及排便情况等进行详细记录，观察其粪便的颜色以及质地是否处于健康状态，看其安静时是否呼吸均匀，运动中是否存在不适，通过对上述情况进行登记造册为后期的育肥工作提供参考。

四、免疫制度的制定

按照保供固安全、振兴畅循环的工作定位，立足维护养殖业发展安全、公共卫生安全和生物安全大局，坚持防疫优先，扎实开展动物疫病强制免疫，切实筑牢动物防疫屏障。坚持人病兽防、关口前移，预防为主、应免尽免。

五、疫苗的选择与接种

针对南疆发病率较高的几种疾病选择相对应的疫苗进行接种，避免牛群发生大规模的疫病感染。

六、免疫、检疫记录的登记

针对每次进行疾病防控，疫病检查与疫苗接种的时间、次数、什么类型的检疫、免疫接种的疫苗名称、类型，都要进行登记记录，牧场要有专门的登记表进行免疫、检疫登记，每头牛都要做到有表可查。

第四节　常见的疾病及预防方法

一、乳房炎

乳房炎是指牛乳腺受到物理、化学和微生物等刺激所发生的一种炎性变化，其特点是乳汁发生理化性质变化，主要以白细胞增加、乳腺组织发生病变为主要特征，以环境因素影响最为重要。

预防措施如下。

1. 创造优良环境，减少乳腺感染

牛体较清洁

牛体卫生良好

2. 免疫预防

利用疫苗预防肉牛乳房炎可降低乳腺组织感染的严重程度，控制亚临床乳房炎的发生。

健康母牛

乳房肿大

二、瘤胃酸中毒

瘤胃酸中毒是反刍动物采食了过量易发酵的碳水化合物饲料，在瘤胃内产生大量乳酸而引起的以前胃机能障碍为主的一种疾病。临床以精神沉郁或兴奋，食欲下降，瘤胃蠕动停止，瘤胃内微生物菌群活性改变，胃液 pH 值降低及脱水为特征。

1. 最急性临床症状

常在采食谷物饲料后 3 ～ 5 h 突然发病死亡。瘤胃 pH 值迅速降低，瘤胃黏膜出血，瘤胃乳头坏死。

2. 慢性临床症状

病畜精神沉郁，食欲废绝，结膜充血，瘤胃胀满，蠕动音消失。粪软或水样，色淡，有酸臭味。脉搏增加，呼吸急促。随着病情的发展，瘤胃空虚，有大量积液，机体脱水，眼球下陷，排尿减少或无尿。

3. 重症

出现明显的神经症状，运动强拘，姿势异常，意识不清，眼反射减弱或消失，瞳孔对光反射迟钝。随着病情的发展，常呈后肢麻痹，瘫痪，卧地不起，角弓反张，眼球震颤，乃至昏迷死亡。

有瘤胃酸中毒的牛，大多大量流涎，可作为参考依据。

有瘤胃酸中毒风险的牛

正常的牛

4. 防治措施

严格控制精料喂量，加强饲养管理水平。日粮供应要合理，做到精粗比例平衡，严禁为追求产奶量而过分增加精料喂量。根据肉牛产奶量的多少及时调整精料的饲喂量；精料不宜粉碎过细，并且要提供优质的粗饲料。日粮中增加 2%碳酸氢钠和 1%氧化镁。

三、胎衣不下

母牛分娩出胎儿后，一般 12 h 以内胎衣可自行排出，如经 12 h 以上胎衣还未能全部排出的，称为胎衣不下或胎膜滞留。

1. 临床症状

（1）胎衣不下分为部分不下和全部不下两种。胎衣全部不下，即整个胎衣不排出来，胎儿胎盘的大部分仍与子宫黏膜连接，仅见一部分胎膜悬吊于阴门之外。胎衣部分不下，即胎衣的大部分已经排出，只有一部分或个别胎儿胎盘残留在子宫内。

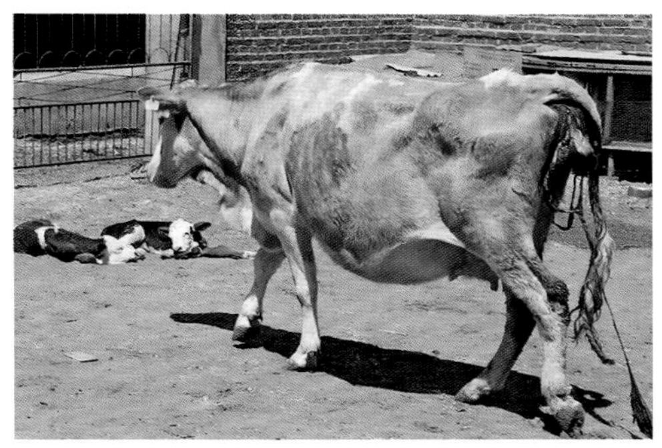

胎衣不下

（2）牛发生胎衣不下后，由于胎衣的刺激作用，病牛常常表现拱背和努责。胎衣在子宫内腐败，从阴道排出污红色恶臭液体，患牛卧下时排出量较多。

（3）胎衣腐败分解产物被吸收后则会引起全身症状。如体温升高，脉搏、呼吸加快，精神沉郁，食欲减退或废绝，瘤胃弛缓，腹泻，泌乳减少或停止。

2. 防治措施

加强饲养管理，科学合理地搭配日粮，以满足妊娠肉牛营养需要，重视维生素 A、维生素 D、维生素 E 和微量元素碘、硒等的补充，使妊娠后期母牛体况在中上等水平。

搞好环境卫生，及时清理粪便、垫草；要保证妊娠期肉牛适当的运动，从而增强母牛的体质，同时可增加光照时间，有利于维生素 D 的合成。

对肉牛定期进行防疫、检疫，做好布鲁氏菌病、李氏杆菌病、胎儿弧菌病、结核病等的防治工作，同时加强妊娠肉牛的生殖卫生保健。

调节产犊季节，避免在暑热季节分娩，分娩时要保持环境的卫生和安静等，以防止和减少胎衣不下的发生。

第六章　青贮饲料的制作

为了减少饲料营养物质流失，延长青绿饲料的贮存时间，充分利用饲料资源，提高饲料的适口性和消化率，减少饲料虫害对动物的影响，减少环境对饲料利用的影响。牧场经常把不易贮存的青绿饲料在密闭环境中进行厌氧发酵得到优良的青贮饲料。

目前牧场进行青贮的青贮窖主要有 3 种，地上式青贮窖、半地下式青贮窖和地下式青贮窖，其中应用模式较多的为地上式青贮窖。

第一节　青贮制作流程

1. 清理青贮窖

在制作青贮之前，需把青贮窖清理干净，避免杂物影响青贮品质。

青贮窖地清理

地下式青贮窖

2. 原料采集及运输

在青贮之前，我们要选择原料适合的收割时期进行原料收割。以全株玉米为例，其最适收割时期为蜡熟期，我们一般在田地里即用收割机对全株玉米进行粉碎（2 ～ 3 cm），进而装车运输至牧场进行装窖。

原料的收割及装车

青贮原料装车

青贮原料

粉碎后的青贮

3. 原料装窖

原料送到牧场之后即进行装窖，并在装填的同时利用手握法确定水分含量，避免水分不足或过多影响青贮效果。在装填的同时也要同步进行压实，减少窖内的空气，尤其要注意四周及角落的压实情况，若没压实，极易影响青贮效果。青贮装填压实完毕后立即进行密封，保证不会再有空气进入。

第二节　注意事项

1. 原料粉碎长度要适宜

原料粉碎长度较长时不利于青贮和动物采食；原料粉碎长度较短时会造成原料的较多损失，且动物采食不方便。

原料的装卸

完成卸运的青贮

堆积的原料

2. 水分含量要适宜

水分含量较低时要加水使其达到合适的含水量；水分含量较高时可对原料进行晾晒，也可以在原料中加入干草降低水分含量。水分含量不足或者可溶性糖含量较低，可以在水里添加青贮菌剂，增加青贮效果。

青贮菌剂的添加

原料装窖

原料装窖

3. 原料要有一定的含糖量

原料中的糖分是乳酸发酵的原料，含糖量较高的植物原料可进行单独青贮；含糖量较低的原料，例如豆科牧草单独青贮不易成功，可与禾本科牧草进行混合青贮。

原料装窖

4. 厌氧环境

青贮时一定要确保原料压实，青贮窖要密封好，否则会造成青贮失败，浪费饲草料。

5. 温度适宜

青贮的最适温度为 25 ～ 30℃，是最适合乳酸菌生长繁殖的温度范围，过高或过低都会影响青贮品质。

铲车压实

铲车碾压压实

制作青贮时要选择收割距离较近、品质好的青贮原料进行收割，避免原料长时间放置导致发热，影响青贮品质。青贮取料时尽量用青贮取料机取料，避免取料面不整齐导致二次发酵，影响青贮品质。

封窖

青贮取料机取样

半地下式青贮窖

全株玉米

第七章　粪污无害化

第一节　粪污的影响

一、概述

规模化牧场所产生的污染主要是牛粪和臭气。一个存栏 3000 头的牛场每天排放的牛粪可达 100 多吨，对牛和人有着极大的危害。

二、肉牛场粪污处理的原则

粪污处理应遵循减量化、无害化和资源化利用的原则。

清理出来的粪便要进行日产日清，人工清粪时要将收集的粪便及时运送到贮存或处理场所。在规模化牧场使用刮粪板清粪时，进行粪便收集使用漏粪地板是较好的选择，要重点实施防扬散、防流失、防渗透等工艺。粪水干湿分离、粪渣和污水合理运用，用以减少排污量和环境污染。对雨水可采用专用沟渠排水，对污水应用暗道收集，改明沟排污为暗道排污。最终达到无害化处理要求。

第二节　粪污的无害化处理措施

一、粪污的处理

（一）粪污的处理方式

（1）物理、化学处理。固液分离、絮凝、过滤。

（2）好氧、厌氧处理（生物处理）。堆肥、沼气、氧化槽、人工湿地、膜处理。

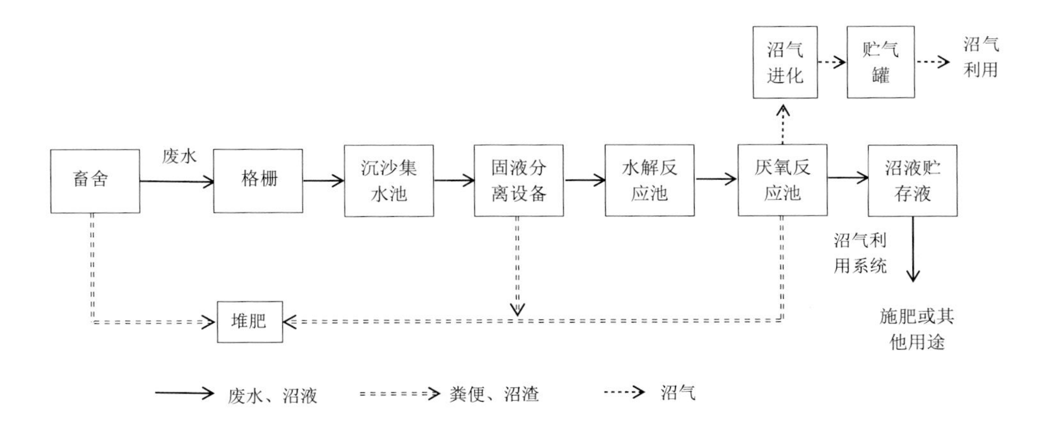

此工艺适用于能源需求不大，主要以进行污染物无害化处理、降低有机物浓度、减少沼液和沼渣消纳所需配套的土地面积为目的，且养殖场周围具有足够土地面积全部消纳低浓度沼液，并且有一定土地轮作面积的情况。南疆沙漠面积广阔，可以作为良好的消纳沼液和沼渣的土地。

（二）粪污处理技术的模式分析

1. 种养结合模式

种养结合是解决粪污污染的最主要也是最好的一种方式，既能解决粪便堆积污染问题，又能增加土地肥力，使庄稼得到较好生长。

种养结合模式下的玉米地

2. 清洁回用模式

它是今后牧场粪污治理的优选。其中有牛场再生垫料的生产、能源化利用技术，将粪污处理合理运用，减少环境污染。

3. 达标排放模式

将粪水经过一定技术的处理后进行回用或者进行排放。

4. 集中处理模式

“集中处理”是相对牧场自行分散处理粪便的一种新型组织形式，畜禽粪便集中处理，是现代畜牧业发展的产物，将粪污处理后的沼气等资源化利用用于民生服务。

不论选择什么样的处理模式，最重要的是必须建立在源头减排基础上。

二、粪污处理的无害化措施

（一）粪污的收集与清理

现代化规模牧场采取的清粪方式有水冲粪、干清粪。干清粪包括人工清粪、刮板清粪、铲车清粪。

（二）粪污资源化利用

1. 垫料

在将粪水干湿分离后，将其干粪渣晒干后，可用于肉牛的卧床垫料。污水在经过消杀之后可用于土地的灌溉和绿化地浇灌。

干湿分离产生的粪渣

干湿分离机器

干湿分离粪渣传输

粪渣

粪渣处理

干湿分离

干湿分离设备

2. 制作沼气

经过厌氧环境下微生物发酵得到的沼气，可以用于牧场日常生活所用，减少牧场开支，产生的沼渣可以进行堆肥。

3. 堆肥

由于高温好氧堆肥具有发酵周期短、无害化程度高、卫生条件好、易于机械化操作等特点，故国内外利用畜禽粪便、垃圾、污泥等有机固体废弃物堆肥的工厂，绝大多数都采用好氧堆肥工艺制作不同等级的有机肥用于各类土地的种植。

堆肥的土地

4. 生物转化

可以用养殖蚯蚓等生物对粪便中的残存养分进行利用，削弱药物或矿物质微量元素残留对动物产生“二次污染”的潜在危险，利用蚯蚓对矿物元素的富集作用不仅可以实现循环利用，也可减少对环境的污染，减少畜产公害。例如在粪污池内饲养蚯蚓，或发酵后送到林果草基地，既可解决肉牛养殖过程中的污染问题，又解决了肥料问题。

参考文献

曹志军，杨军香，2014. 青贮制作实用技术［M］. 北京：中国农业科学技术出版社.

全国畜牧总站，2011. 奶牛标准化养殖技术图册［M］. 北京：中国农业科学技术出版社.